U0295684

电子废弃物
大探秘

Exploration of
E-Waste

黄 庆 主编

上海交通大学出版社

SHANGHAI JIAO TONG UNIVERSITY PRESS

内容提要

电子废弃物是世界上增长最快的固体废物之一。本书以"两山"理论("绿水青山就是金山银山")为指导思想,结合国家生态文明建设和资源循环战略,揭秘如何在保护环境的前提下,让电子废弃物变为"金山银山"。本书用大众普遍能接受的图文结合的形式,以诙谐幽默的拟人化形象,生动地传播了电子废弃物的相关科学知识。本书适合普通大众和青少年阅读。

图书在版编目(CIP)数据

电子废弃物大探秘/黄庆主编. —上海:上海交通大学出版社,2023.7

ISBN 978 - 7 - 313 - 28746 - 5

Ⅰ.①电… Ⅱ.①黄… Ⅲ.①电子产品–废物综合利用 Ⅳ.①X76

中国国家版本馆 CIP 数据核字(2023)第 093590 号

电子废弃物大探秘
DIANZI FEIQIWU DA TANMI

主　　编:黄　庆

出版发行:上海交通大学出版社　　　　　　地　　址:上海市番禺路 951 号
邮政编码:200030　　　　　　　　　　　　电　　话:021-64071208
印　　制:苏州市越洋印刷有限公司　　　　经　　销:全国新华书店
开　　本:880mm×1230mm　1/32　　　　印　　张:3.375
字　　数:57 千字
版　　次:2023 年 7 月第 1 版　　　　　　 印　　次:2023 年 7 月第 1 次印刷
书　　号:ISBN 978 - 7 - 313 - 28746 - 5
定　　价:35.90 元

本书编委会

科学顾问：王景伟　杨敬增

主　　编：黄　庆

副 主 编：苑文仪

编　　委：(按姓氏拼音排序)

白建峰　陈　巧　邓　毅　顾卫华

关　杰　郭耀广　黄　良　黄　庆

李淑媛　宋小龙　王慧敏　王希明

韦　旭　于可利　张承龙　张贺然

张紫藤　章金宇　郑世良

编写单位：上海第二工业大学

中国物资再生协会

生态环境部固体废物与化学品管理技术

中心

绘　　图：汤惟楚　徐　杨

序

　　黄庆老师打来电话,希望我给这本关于电子废弃物的科普书写个序。

　　对于电子废弃物,一直以为还是做了一些事情的。不是吗? 不厌其烦地叨叨着电子废弃物的全名大号——废弃电器电子产品,不时讨论着回收拆解再利用的每一步工序,经常关注着和它相关的钢铁、有色、橡胶、塑料,加上游走在供应链、产业链之间,方方面面的工作角度,累,并忙碌着。

　　然而直到打开《电子废弃物大探秘》,才突然想到,在这个不被人熟知的行业中,有一个角度,起于平凡但福泽社会,先抑后扬却底蕴深厚,却往往被忽略了,那就是科学知识的普及。在这本书中,电子废弃物的前世今生,众多的再生资源,复杂的拆解流程,跨界的闭路循环,都变成了浅显的话语、简明的叙述、高度的概括和生动的插图。四机一脑化身卡通形象,报废电器成为资源精灵,让

社会上不同的人，尤其是青少年看得清楚，理解明白，学得进去，想得深远。

对于广大读者，入门伊始，我想其实并不需要学习掌握多么复杂的工艺步骤和产业流程，重要的是树立环境和生态保护意识，认识到城市中也有矿山宝库等待开发，深入理解"绿水青山就是金山银山"。而对于青少年而言，科普就更是一盏灯，照亮了孩子们的环保之路、生态之路和资源之路。而广大科学工作者就是那点灯者和领路人。在这一点上，黄庆和他的同事们开了一个好头，值得学习和称赞。

近年来流行"视角"，比如人们常说的"上帝视角"，大略是用客观冷静的观点和角度看待并理解某些事物。对待生态环境和可持续发展这件事，我主张还是"青春视角"，用青春的、朝气蓬勃的、前瞻的观点看待并身体力行地去实践，总没有错。无论你年龄几何，事业多大，心走到哪里，归来还是少年。

是为序。

中国电子工程设计院有限公司研究员、

教授级高级工程师

2023 年 5 月 4 日

前言

  随着我国经济稳步增长,科技日新月异,人民生活水平逐步提高,电器电子产品快速消费与流转,相应地,其更新换代周期逐年缩短,淘汰量逐年增加,电子废弃物产生量呈现出逐年增长的态势。电子废弃物又名废弃电器电子产品或电子废物。联合国大学的《2020年全球电子废物监测报告》显示:2019年我国产生电子废弃物超过1000万吨,人均达7.2千克。作为具有资源性和污染性双重属性的固体废物,电子废弃物的回收处理与大气、水、土壤污染防治密切相关。电子废弃物回收处理所带来的环境问题主要来源于两个方面:电子废弃物数量大,其本身含有有害的物质;不规范的回收利用也会带来环境的二次污染。

  本书中的电子废弃物主要以废弃的电视机、电冰箱、洗衣机、空气调节器、微型计算机为主。电子废弃物是城市矿山中最富有代表性的一类废弃物，也是世界上增长最快的固体废物之一。电子废弃物虽然体量不大，但已然成为全球性问题之一，与我们的日常生活息息相关。本书以"两山"理论（"绿水青山就是金山银山"）为指导思想，结合国家生态文明建设和资源循环战略，以认识琳琅满目的电子产品为切入点，呈现电子产品"退休"后的真面目，揭秘如何在保护环境的前提下，做到让电子废弃物化身为"金山银山"。

本书将专业的电子废弃物回收处理知识以大众普遍能接受的图文结合的形式呈现，借助诙谐幽默的拟人化形象，生动地传播了电子废弃物的科学普及知识。本书面向普通大众和非专业的青少年，使社会各界、学生等对电子产品"退休"之后的真面目有一定的科学认识，从而能正确处理和监督管理。

本书的主要执笔人员为黄庆、苑文仪、韦旭、张承龙等，生态环境部固体废物与化学品管理技术中心、中国物资再生协会等单位的专家学者为本书提供了专业指导，在此一并感谢！本书的出版得到了上海第二工业大学教材专项建设项目和上海市科委科普专项（21DZ2304300）的大力支持！由于编写水平所限，书中难免有疏漏、不妥之处，敬请读者指正！

第一章

初识电子废弃物

电子产品对于大家来说并不陌生，但为什么叫电子产品呢？你是否好奇电子产品是如何"进化"而来的呢？电子产品从无到有，从小众到大众，从单一到多样，在我们的生活中扮演着越来越全面的角色，但在电子产品不断更新换代的同时，也给我们带来了一系列的问题和困扰……本章从电子废弃物的"前世今生"讲述了典型电子产品的发展历程，从"电灯点亮科技文明"出发，搭乘"计算机革新工业文明"的时光机，回到"手机颠覆生活方式"的现代文明……琳琅满目的电子产品层出不穷，终其一生换来的仅仅是人们关心的使用年限问题，但对电子废弃物的科学认知是不可或缺的。

▶ 一、 电子废弃物的"前世今生"

我们见证了电子产品的更新换代、改头换面，是否会好奇电子产品是如何"进化"而来的呢？许许多多的电子产品随着时间的年轮终将只是昙花一现，它最终会走向何方，又是什么样的存在呢？

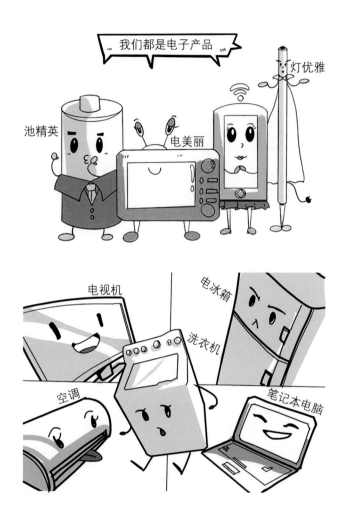

1 电灯点亮科技文明

　　说到电灯,大家首先想到的肯定是托马斯·爱迪生(Thomas Edison)和他失败1000多次才成功发明白炽灯的故事。不过,有个小插曲令人啼笑皆非。爱迪生在申请白炽灯的发明专利时被美国专利局拒绝了，理由是碳丝白炽灯的发明由德国钟表匠——亨利·戈贝尔（Henry Goebel）首次提出的申请。爱迪生不服气，开始和戈培尔打官司，结果可想而知，爱迪生败诉了。但是爱迪生没有放弃，他最终从戈培尔的遗孀手上买下了专利，到此时爱迪生才算拥有白炽灯的专利权。不过，你以为故事到此就结束了吗？非也！英国人约瑟夫·斯旺（Joseph Swan）听说爱迪生拿到专利以后就不乐意了，他开始控告爱迪生侵犯专利权。后来二人于 1883 年合伙在英国创办公司。再到后来，斯旺把他的所有股权及专利都卖给了爱迪生。至此，经历 30 余年的兜兜转转，故事的结局就是——爱迪生顺理成章地被后人称为白炽灯的发明者。

电灯这个重要的发明使人类从此告别黑暗，迎来光明。但是白炽灯实在太耗电了，只有不到 1/10 的能量转变成了光能，其他都转化成热能了，于是荧光灯也就顺势登上了历史的舞台。时至今日，大量的 LED（发光二极管）灯也有逐步取代传统节能灯的趋势。

有人说，电灯不仅点亮了人类文明和科技的发展史，也照亮了电子产品的光明前景。为什么这么说呢？大家都知道第二次工业革命的主要特点就是电力的广泛应用。因此，在那期间，除了电灯之外，各种电器的发明层

出不穷,比如电话的鼻祖——电报,电子产品的基础——电子管,等等。

② 计算机革新工业文明

当讨论电子产品时,不得不提到电子管,它的出现开启了电子产品的崭新时代。"计算机之父"艾伦·马西森·图灵(Alan Mathison Turing)和约翰·冯·诺伊曼(John von Neumann)的伟大设计,使得人类社会迈入了新纪元。世界上第一台电子数字计算机(ENIAC)巨大无比,总重量大约是4头成年大象的重量之和。但是大家再看看我们现在使用的计算机,不仅占地小、功能全,使用起来也非常方便。中间到底发生了怎样的故事,才让巨大无比的计算机变得现在这样精巧便携呢? 事实上,这也是电子管的发展史。短短50多年时间里,电子计算机经过了电子管、晶体管、集成电路(IC)和超大规模集成电路(VLSI)等4个阶段的发展。计算机的功能越来越强,价格越来越低,体积越来越小,甚至一部智能手机就相当于一台微型计算机。

时至今日,计算机行业蓬勃发展,应用极其广泛,深入人们生活的各个领域。目前计算机正朝着巨型化、微型化、网络化和智能化的方向发展。巨型化不是指体型哦,而是指使计算机处理速度更快、存储量更大和功能更强大;微型化才是指它的体积,主要是利用微电子技术和超大规模集成电路技术,把计算机的体积进一步缩小,价格进一步降低;网络化则很好理解,就是指利用网络技术把整个互联网当成一个空前强大的一体化系统,犹如一台巨型机;而智能化简单来说就是让计算机具有模拟人的感觉和思维过程的能力,以便更加贴合我们人类的需求。

③ 手机颠覆生活方式

除了计算机外,手机是电子产品的另一个代表。手机在集成电路发展的浪潮中应运而生,从开始"'B……B……''有事儿你呼我''对不起,您呼的用户不存在'……"的 BP 机到现在几乎"无所不能"的智能手机,从"大哥大"的 1G 时代到现在华为的 5G 时代,手机上也发生了很多精彩的故事呢!

BP 机作为手机的前身,属于早期的便携数码产品,当时使用 BP 机的人无疑是大家羡慕的对象。1987 年"大哥大"开始出现在中国的大街小巷。进入 21 世纪,数字时代到来了,比"大哥大"小了很多的诺基亚键盘手机出现了,那时候才只是 2G 时代。

时间来到 2007 年 1 月 9 日,这一天是值得被科技行业载入史册的日子,因为在这一天,苹果前首席执行官史

蒂夫·乔布斯(Steve Jobs)发布了具有划时代意义的智能手机——iPhone。从我们现在的角度来看,当时人们并不是在抢一部普通的手机,而是迫不及待想要进入智能时代啊!直至2019年,华为带领大家走入5G时代。现在人们手握一部手机就可以出门了,打车、买单、购物,与"十万八千里"外的家人和朋友打电话、开视频,甚至可以用手机来工作。手机已经成为人们生活中必不可少的一部分了。可以说,手机的出现和发展,彻底地颠覆了人们的生活方式。

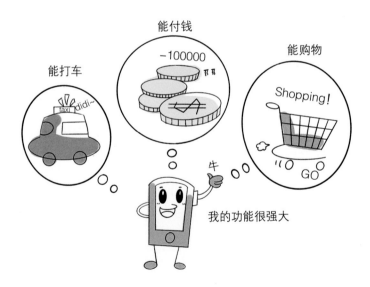

随着社会经济与信息技术的快速发展,人们在日常生活中越来越离不开手机、电脑、电视、冰箱等各种各样的电子产品,因为它们的到来为我们的生活提供了各种

便利。

　　不过，大部分电子产品都不会和它们的主人"白头偕老"。因为随着电子产品更新换代的速度越来越快，人们更换这些电子产品的速度也越来越快。它们的到来或者离去都有着各不相同的理由……

▶　二、常见电器电子产品的使用年限

❶ 常见家用电器的使用年限

　　家用电器并无强制报废的规定，受品牌、型号、质量、使用情况等条件的影响，各种电器的使用寿命各不相同。常见大型家用电器的使用时间通常超过 6 年，具体淘汰时

间根据使用习惯而有所差异。常见家用电器的参考使用年限如下：彩色电视机 8～10 年、电热水器 8 年、电冰箱 12～16 年、洗衣机 12 年、空调 8～10 年、微型计算机 6 年。而手机、平板电脑等小型消费类电子产品的更新换代周期较短，研究表明，手机的平均淘汰周期约为 18 个月。

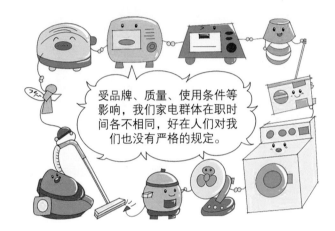

——家用热水器感觉自己的工龄满 8 年后，就差不多要退休了，问其原因，它表示："主人可不想因为我烧水速度慢、耗电量大，而让我继续留任呢！"

——笔记本电脑也有同样的感慨："年龄大了就会容易卡顿，很容易被主人嫌弃，可能我还没有罢工，主人就已经看中其他新款了。"

——黑白电视机看着轻薄的液晶电视，发出了深深的叹息："虽然它们的工龄比我短，但又能怎样呢？它更能满足主人的生活需求呀！"

——冰箱很想钻到比自己更大的冰箱的"肚子"里面去，因为它们的"肚子"是真的凉快呀，人们都喜欢把各种需要保鲜或者低温储存的东西放到它的肚子里，但是"老迈"的冰箱却因长期使用而丧失了主要功能，自己还挺热乎呢！

② 一般家用电器超限使用的危害

超期服役的家电容易出现电线老化而造成漏电的风险,元器件或关键耗损件的性能也会随着使用年限的增长而下降,存在有害物质泄漏和噪声增大等隐患,耗电量也可能随之增加,一般旧家电的耗电量会增加 40%。比如,空调的使用年限为 10~12 年,超过使用年限的空调噪声大,制冷或制热慢,耗电量也会增加,并且长期使用老旧空调而不进行彻底清洁,会在空气中残留大量的灰尘和细菌,人体吸入后容易得呼吸道疾病。而冰箱的使用年限是 12 年,老旧的冰箱会出现内部管路老化的问题,引起氟利昂泄漏,影响冰箱的保鲜杀菌功能。另外,老式电器电子产品的节能环保等性能比新款产品差,新老产品在功能上也有较大的差距。

▶ 三、灵魂三问：电子废弃物的基本知识

❶ 什么是电子废弃物？

我国《电子废弃物污染环境防治管理办法》规定：电子废弃物是指废弃的电器电子产品、电子电气设备及其废弃零部件、元器件和其他按规定纳入电子废弃物管理的物品、物质，包括工业生产活动中产生的报废产品或者设备，报废的半成品和下脚料，产品或者设备维修、翻新、再制造过程中产生的报废品，日常生活或者为日常生活提供服务的活动中废弃的产品或者设备，以及法律法规禁止生产或者进口的产品或设备。

电子废弃物范围广泛,根据我国 2011 年开始施行的《废弃电器电子产品回收处理管理条例》,纳入该条例的电子废弃物称为废弃电器电子产品。日常生活中常见的电子废弃物有废弃的电视机、电冰箱、空调、洗衣机等家用电器,台式电脑、笔记本电脑、平板电脑等计算机产品,手机等通信电子产品及其零部件,打印机、复印机等办公电器电子产品及其零部件与耗材。废电池、废照明器具等一般也可纳入电子废弃物的范畴。

2 电子废弃物的主要来源有哪些?

电子废弃物的主要来源有:一是工业生产活动中产生的报废产品或者设备;二是日常生活或者工作场所中淘汰报废的产品或者设备。

3 废弃电器电子产品与废旧电器电子产品的区别是什么?

废旧电器电子产品包括废弃电器电子产品和旧电器电子产品,旧电器电子产品通常进入旧货市场流通。我国传统的废旧商品回收体系并不对废弃产品和旧产品进行严格区分。

从法律意义上讲,废弃电器电子产品是废弃不再使用的电器电子产品,属于固体废物,应进行无害化处理处置;旧电器电子产品则是仍保持全部或者部分原有使用价值的电器电子产品。

从公众认知的角度来讲，二者的区别在于是否还具有原有的使用价值，是否可以继续使用。

好了，相信大家对电子废弃物有了初步了解吧。但你能想到吗？目前，电子废弃物已经成为世界上增长速度最快的一类固体废物。

故事延续：

某一天，冰箱、洗衣机、电视、热水器、电饭煲、扫地机器人等琳琅满目的电器电子产品被搬进了同一个家庭，它们互不干扰地相处在一室。直到有一天，电饭煲坏了，率先被回收小贩拉走了；过了一段时间，电视也被小贩收走了；然后洗衣机也坏了……就这样，它们先后从主人的家中离去。

有一天，本来静静地待在包里的手机，因为主人的剧烈跳跃，"溜"了出去，掉到地上，"啪"，屏幕碎了！

电脑时不时就会问自己：听说现在新出来的电脑运行、计算、储存等方面的功能都可强大了，自打我2008年跟主人相遇，一转眼也10多年了，老了，不中用了，也转不动了，该退休啰！

小主人上小学时买了一盏小台灯，在她读高中那年，小台灯闪了闪后就不亮了，妈妈擦了擦小台灯头上的灰尘，说道："它太老了，身体各个零部件的功能都退化了，灯丝也不好使了，等你考上大学，它也该换了。"

　　而那个颜色泛黄的冰箱,每次接通电源以后就会发出好大的噪声,好像是谁在打呼噜一样,而且制冷效果也不好了,表面还很烫,感觉有安全隐患。妈妈已经在考虑买新冰箱了。

　　最后,这些电器都进入了电子废弃物堆中,它们发现旁边还有各种各样其他类型的电子废弃物,身边的"金属

堆"也越来越高,越来越大。而在主人的家中,已经换上
了新的电脑、电冰箱、洗衣机……

第二章

深剖电子废弃物

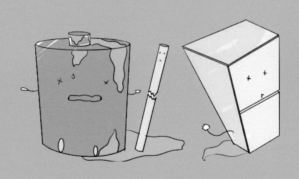

初识了什么是电子废弃物之后，环顾四周猛然发现，它们竟出现在我们日常生产生活的各个角落……要搞清楚这些种类繁多的电子废弃物，首先要对其进行分类，其次再做详细了解。人们都知道"垃圾是放错位置的资源"，而电子废弃物则是其中典型的有价资源，但其背后也隐藏着危机，所以有必要全面了解电子废弃物的资源价值性和环境危害性。对于这些"城市宝藏"，也很有必要了解它的国内和全球行业现状。

▶ 一、电子废弃物的"类聚之道"

❶ 三类法

2011 年，我国出台的《废弃产品分类与代码》（GB/T 27610—2011）国家标准，明确了电子废弃物的范畴包括三类，分别是：**废电池、废照明器具和废电器电子产品。**

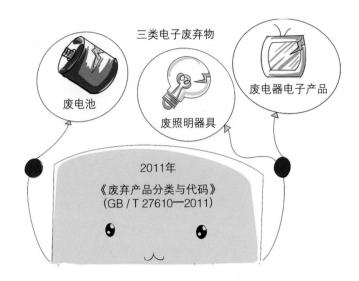

（1）废电池：分为废弃的干电池、镍氢电池、锂离子电池、纽扣电池和其他类电池。

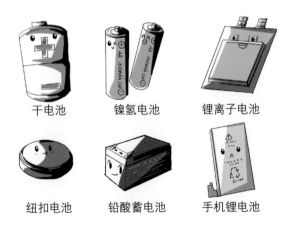

干电池　镍氢电池　锂离子电池

纽扣电池　铅酸蓄电池　手机锂电池

干电池：干电池也称为锌锰电池或碱性电池，是很常见的一次性电池，大家的电动玩具经常能用到它。因为不含"汞"，因此，废干电池可随生活垃圾处理，无须刻意作为"有害垃圾"回收。

镍氢电池：镍氢电池是由氢离子和金属镍合成的一种碱性蓄电池，它的正极活性物质主要由镍制成，负极活性物质主要由贮氢合金制成。镍氢电池的电量储藏比镍镉电池多30％，比镍镉电池更轻，使用寿命也更长，而且对环境无污染。

锂离子电池：锂离子电池即人们俗称的"锂电池"，是大家经常用的手机、iPad、笔记本电脑里面的宝贝。锂电池可是充电电池的代表，不能用了一次就扔了哦，因为在充放电的过程中，锂离子在正负极之间来回嵌入和脱嵌。锂电池也不是危险废物，可以作为一般固废进行管理。

纽扣电池：人们是根据它的外形起的这个名字，一般在各种电子产品的后备电源（如电脑主板、电子表遥控器、电子秤）中都能找到它的身影。纽扣电池多为铅蓄电池和镍镉电池，容易对人体健康和自然环境造成危害。

其他类电池：在除上述4种电池以外的其他类电池中，具有代表性的就是铅酸蓄电池，也称为铅酸电池或铅蓄电池。铅蓄电池可多次充电使用，家里的两轮电瓶车很多都使用铅蓄电池。但废铅酸电池中含有大量的重金属铅、锑和废硫酸电解液，是对环境和人类健康危害最大的一种电池。

（2）废照明器具：分为废弃的电光源、照明灯具、灯用电器附件等。

照明灯具

电光源

灯用电器附件

电光源：电光源是能将电能转换为光能的器件或装置的统称，包括常见的白炽灯、高压汞灯、荧光灯等。

照明灯具：吊灯、台灯、壁灯、落地灯等照明工具都是照明灯具家族的成员，它是指能透光、分配和改变光源分布的器具，包括除光源外所有用于固定和保护光源所需的零部件，以及与电源连接所必需的线路附件。

灯用电器附件：灯用电器附件是指为保证不同类型电光源在电网电压下能正常可靠工作而配置的电器件，常见的有变压器、镇流器、启动器、触发器、电容器等。

（3）废电器电子产品：包括废弃的办公室设备、计算机产品及零部件，通信设备和零部件，视听产品、广播电视设备及零部件，家用、类似用途电器及零部件，仪器仪表、测量监控产品及零部件，电动工具及零部件，电线电缆，医用设备及零部件，以及其他。

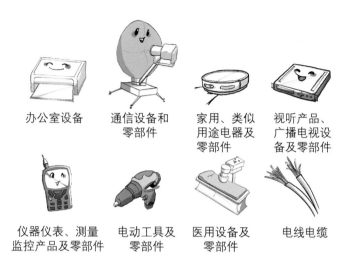

| 办公室设备 | 通信设备和零部件 | 家用、类似用途电器及零部件 | 视听产品、广播电视设备及零部件 |

仪器仪表、测量监控产品及零部件　　电动工具及零部件　　医用设备及零部件　　电线电缆

② "四机一脑"分类法

我国自 2009 年起，针对电视机、电冰箱、洗衣机、空调和微型计算机这 5 类电器电子产品，实施了家电"以旧换新"的政策。2011 年 1 月 1 日起施行的《废弃电器电子产品处理目录（第一批）》，包括**电视机、电冰箱、洗衣机、房间空调器、微型计算机**等 5 类产品。这 5 类产品的社会保有量大、废弃量人，随意去弃会严重污染环境，处理难度大，是现阶段主要的电子废弃物。

根据我国《废弃电器电子产品回收处理管理条例》（国务院令第 551 号）规定，国家发展和改革委员会等六部门

发布了《废弃电器电子产品处理目录（2014 年版）》，在第一批目录产品"四机一脑"的基础上新增 9 类废弃电器电子产品，分别是**电热水器、燃气热水器、打印机、复印机、传真机、吸油烟机、监视器、移动通信手持机、电话单机**。

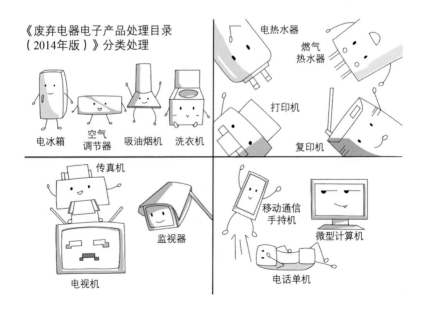

《废弃电器电子产品处理目录（2014年版）》分类处理

③ 电子废弃物的特点

（1）种类繁多，数量增速快。随着现代社会电子工业和电器电子产品消费市场的高速发展，新的电子废弃物种类不断出现，旧产品不断被淘汰，各类电子废弃物均呈现出大量产生、快速增长的态势。

（2）潜在的环境危害和安全风险大。很多电子废弃物中含有有害物质，如铅、汞、镉、六价铬等重金属，多溴联苯（PBBs）、多溴二苯醚（PBDEs）等持久性有机污染物。这类电子废弃物如果处理不当，将会释放有害物质，对环境和人类健康造成严重威胁。

（3）回收利用价值高。电子废弃物中通常含有多种可回收利用的金属、塑料等有价材料，某些部件或元器件还可以重复使用。

（4）成分复杂，处理困难。电子废弃物成分复杂、类型繁多，可回收利用的材料和有害物质紧密结合在一起，若要实现资源的有效回收利用，必须对不可利用部分进行环境无害化处理处置，同时为防止有害物质污染环境，需要专业的技术、设备、工艺，因而处理难度较大。

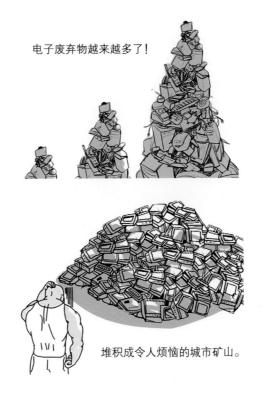

电子废弃物越来越多了！

堆积成令人烦恼的城市矿山。

二、电子废弃物"危险"与"机遇"并存

由于人为损坏、自然老化、性能简单等，越来越多的电子产品被丢弃，变成了电子废弃物。那规模如此庞大、来势如此凶猛的电子废弃物，它们都是垃圾吗？随意丢弃会污染环境吗？人们应该怎么处理它们呢？可以直接扔到垃圾桶去吗？它们算是干垃圾、湿垃圾、可回收垃圾还是有害垃圾呢？

在回答这些问题之前，有必要探究一下电子废弃物由哪些物质组成。

① 危险源于何处？

为了满足电器电子产品不同部件所需要的性能（如硬度、强度、导电性……），在生产制造电器电子产品的过程中会添加各种化学物质，如铅、镉、汞、铬等重金属，以及多溴联苯、多溴二苯醚、多氯联苯等有机物。这些添加剂满足了产品的自身功能要求，也达到了使用性能的需求，但同时也使电器电子产品各部件的组成结构和成分变得十分复杂，对产品报废后的回收处理造成了困难。

为控制电器电子产品中有害物质造成的环境风险，

近十几年来,受国际环境保护政策变化的影响,有害物质在电器电子产品中的使用受到了越来越严格的限制并被逐步淘汰,环境友好型新材料和零部件正在电器电子产品中得到应用。例如,欧盟《关于在电子电气设备中限制使用某些有害物质指令》(以下简称 RoHS 指令)、我国《电子信息产品污染控制管理办法》均要求,铅、汞、镉、六价铬、多溴联苯和多溴联苯醚等有害物质在电子信息产品中的使用应受到严格控制,部分使用有害物质的零部件被逐渐替代;与此同时,根据《关于消耗臭氧层物质的蒙特利尔议定书》的要求,氟利昂等消耗臭氧层的物质正按计划淘汰,使用无氟制冷剂的冰箱、低氟空调等产品已经投放市场。

② 危险程度几何？

　　阴极射线管（CRT）电视机的荧光粉中含有多种重金属成分，锥玻璃中含有较高含量的铅，废电路板是国家规

定的危险废物。平板电视机、背投电视机、液晶电视机等电器中的背光灯管含有重金属汞,部分电视机外壳塑料中含有氯代或溴代阻燃剂等持久性污染物,部分电子元器件和零部件中含有铅、汞、铬、有害有机物等环境风险污染物。

电冰箱和空调器的主要危险物质有:压缩机中释放

在拆解过程中,压缩机中含有的制冷剂、保温层中含有的发泡剂会释放出氟利昂等物质,破坏臭氧层。

出的制冷剂、废矿物油；从保温层泡沫中释放出的发泡剂，以及难处理的保温层泡沫塑料；传统制冷剂和发泡剂中含有的氟利昂类物质属于臭氧层消耗物质；废矿物油和废电路板是国家规定的危险废物。

洗衣机中包含废电路板和平衡盐水，其中，废电路板是国家规定的危险废物，平衡盐水中氯化钠等盐类物质含量较高，直接排放会对水体和土壤造成影响。

一般家用电脑由显示器和主机两部分组成。其中，显示器处理过程中产生的拆解产物和污染物释放的风险与电视机基本相同。主机中的废电路板属于国家规定的危险废物，各类废元器件中含有铅、汞、镉、六价铬等重金属，以及多溴联苯、多溴二苯醚、多氯联苯等持久性有机物。

废手机的主机板是手机内污染物含量最高的部件，主机板是废电路板的一种，含有多种重金属成分，属于国家规定的危险废物。同时，手机电池的处理存在钴、电解液等污染物质被释放的风险。

荧光灯的灯管、灯头、镇流器等部件中含有铅、汞、镉、六价铬以及多溴联苯、多溴二苯醚等有害物质。一旦灯管破损或废弃后处理不当，这些有毒有害物质会被释放并对环境和人体健康造成危害。废弃的荧光灯管破碎后，会立即向周围空气释放金属汞蒸气，汞会长期存在于

周边的土壤环境和生物体内，并最终通过直接接触或食物链进入人体，造成慢性中毒。

废铅酸蓄电池中含有大量的铅、锑等重金属和废酸液，是对环境和人类健康危害最大的一种电池。其中，铅几乎可以损害人体所有的器官，严重时可导致死亡。其他电池的环境危害程度相对较小，一般是锌、锰、镍、镉、

我们是可怕的危险废物。

钴等金属元素的释放。例如，废手机电池主要以废锂电池为主，其环境危害性相对较小，可以作为一般固体废物进行管理。

　　当人们用简单酸洗、简易焚烧、随意弃置等非正规的方式处理电子废弃物时，会导致有毒的有机物和铅、镉、汞等重金属等有害物质大量向空气、水体、土壤中释放。人类通过呼吸、接触、饮水、食物等接触到这些有害

物质导致中毒，甚至会诱发癌症、新生儿畸形等。电子废弃物被露天焚烧时会导致阻燃剂的释放，将产生大量二噁英、多环芳烃等有毒有害气体，污染大气并危害人体健康。冰箱、空调制冷剂中的氟利昂、保温层材料中的发泡剂等随意排放会导致地球大气层中臭氧数量减少，臭氧层变薄，使更多的紫外线进入地球表面，威胁全球生态环境安全，如损害眼睛，使白内障患者增加；削弱人和动物的免疫力，增加传染病，严重的可能危及生命。此外，如果电子废弃物进入不规范的二手市场进行维修、拼装，生产的不合格产品还可能危害消费者的人身安全。

❸ 为何谓之机遇?

大量的电子废弃物产生,它们带来的仅仅是危险吗? 一定都是消极的吗? 非也!

电子废弃物中可有很多"宝贝"呢,它们蕴含着金、

银、铂、钯等稀贵金属，锂、铟、钴等稀有金属，还有铁、铜、塑料、玻璃等再生资源，其利用量有效缓解了原生矿产资源的开采。比如，以电路板为例，金属含量占40%以上，仅铜的含量就有20%。要知道自然界1吨金矿石中含

有超过 2 克的黄金就具有开采的价值,而 1 吨废电路板中的黄金含量达 80～1500 克,是黄金矿的 40 倍以上,是名副其实的"金山银山"。所以说,大量的电子废弃物如果能进行规模化再生利用就变成了**"城市矿山"**。

既然电子废弃物是宝藏般的"城市矿山",那么我们熟知的"四机一脑"和手机到底是由哪些"金山银山"组成的呢?这就需要彻头彻尾地"刨根问底"。

1)"有声有色"的电视机

现在的电视机早已不再是"贵族",哪家会没有彩电?电视机品种之多,什么液晶、背投、高清、数控,听得我一愣一愣的;节目内容也从单频道增至近百个频道,弄得我捏着遥控器,不知选哪一个频道好。然而,从前看电视的记忆,依然温馨地留在我的心里。曾经稀罕的东西是不易忘怀的,回味昨天的时候,更感觉到今天我们的生活发生了巨变……

咦?这个外观像方形盒子,中间是个不大的凹凸屏幕,右上角有几个调节音量和开关的按钮,上面有两根接收信号的天线,远看像微波炉的东西,就是爷爷奶奶辈他们小时候的黑白电视机。黑白电视机有一个学名叫阴极射线管电视,顾名思义是一种使用阴极射线管的显示器。目前,使用阴极射线管的黑白电视机、彩色电视机几乎已经被使用液晶(LCD)显示器和发光二极管(LED)显示器

的电视机替代。废弃的阴极射线管电视机内含荧光粉、含铅玻璃、废屏玻璃、废电路板、废电线电缆、废铁、废铝、废塑料和其他零部件等。废弃的平板电视机、背投电视机、液晶电视机等主要有含汞背光灯管、面板、废玻璃、废电路板、废电线电缆、废铁、废铝、废塑料和其他零部件等。

2）"冷暖自知"的空调

"我的命是空调给的"，这样的感叹让人忍俊不禁。对于一些怕热的宝宝而言，空调作为现代家庭必备的电器，在生活中扮演着重要角色。让人汗如雨下的夏季少不了它，冷如寒冰的冬季同样少不了它，所以才会有人调侃"24 度太冷，25 度太热"。事实上，发明制冷机的美国人威利斯·卡里尔（Willis Carrier）在 1902 年设计了第一个空调系统，最初的目的可不是给人们带来凉爽，而是为了给机器降温，直到 20 年以后，因为有人被热晕了，人们才想到用空调制冷降温。空调器的工作原理简单来说就是气体液化（由气体变为液态）时要排出热量，以及液体汽化（由液体变为气体）时要吸收热量。所以，人们形象地称制冷剂是空调器的血液，压缩机是空调的心脏。

一般来说，空调器拆解会产生各类废金属、废塑料等可再生利用材料，也会产生废电机、废压缩机、废电路板等拆解产物,还可能会从压缩机中释放出制冷剂、废矿物油等有害废物。其中,氟利昂类制冷剂属于臭氧层消耗物质,废矿物油和废电路板是国家规定的危险废物。

3)"冷言冷语"的冰箱

空调是你的命?冰箱表示不服!"空调能做的,我也可以!"当谈到冰箱时,大家的第一印象会是什么呢?新鲜的水果蔬菜、保鲜的食材、冰淇淋和雪糕······但对于80后小伙伴来说,是橘子味的棒冰!夏天放学路上,小伙伴人手一根,即便直粘舌头,酸不溜秋地喷出来一团"白雾冷气",但第二天仍然念念不忘再买上一根。伟大的物理学家爱因斯坦在"出道"前在瑞士专利局利用业余时间和朋友共同设计了一款新型冰箱,试图摒弃有毒的制冷剂。他和他的小伙伴共申请了29项专利,但由于当时要达到足够的制冷效果,需要很大的体积,很占地方,因此,爱因斯坦的冷却机被制造出来后,只是在一些工厂中使用,未能大批量投产,走入平民百姓家。有趣的是,后来他的小伙伴进一步改进,创造出了为核反应堆降温的磁泵,而他自己却畅游在理论物理的世界中了。

事实上,冰箱的结构比较简单,主要由箱体、保温层材料、压缩机、电路板等部件组成。拆解过程中会从压缩

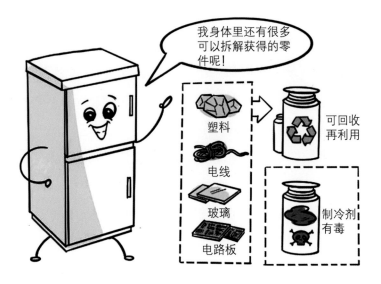

机中释放出制冷剂、废矿物油;从保温层泡沫中释放出发泡剂,以及废玻璃、废塑料、废金属等;并且会产生大量需要处理的保温层泡沫。其中,传统制冷剂和发泡剂中含有的氟利昂类物质属于臭氧层消耗物质,废矿物油和废电路板是国家规定的危险废物。

4)"如影随形"的电脑

1946 年,世界上第一台电子数字计算机在美国诞生,是电脑的"老祖宗"。不过它可是真正的巨无霸,长 30.48 米,宽 6 米,高 2.4 米,占地面积约 170 平方米,总重量大约是 4 头成年大象的重量。随着集成电路和超大规模集成电路的高速发展,如今人们办公和休闲所用的笔记本电脑仅有 A4 纸张大小,甚至现在人们离不开的

手机就相当于一台微型电脑。

废旧台式电脑由显示器和主机两部分组成。其中，显示器处理过程中产生的拆解产物与电视机基本相同，而主机主要是由硬盘、主板（电路板）、各类元器件等组成。废弃电脑经拆解后，各个部件会被分开，硬盘或电路板等部件组件经过清洗、翻新后可以再使用，不能再使用的零部件经破碎、分选后，最终成为各类金属、塑料等再生资源。电脑元器件的种类繁多，成分复杂，含有铅、汞、镉、六价铬等重金属，以及多溴联苯、多溴二苯醚、多氯联苯等持久性有机物。

5）让人"爱不释手"的手机

80后的老友们，打开家里的抽屉，是不是还经常能见到中学时候用的诺基亚板砖机？大学时候用的

Windows phone？联通办卡送的山寨机？漂亮得不像实力派，却变成了备用机的坚果？曾经饥饿营销但现在换盆换刀的红米？以及最近两年退下来的 iPhone？……我还记得当年我打开第一部手机包装时有多开心，只不过现在这些手机躺在我的抽屉里面已经变成了一种负担。你还记得自己拥有第一部手机时的心情吗？记得它是什么型号的吗？

铛铛铛……我是人见人爱的手机。

　　手机的可再生资源主要有：外壳、主机板、显示屏、电池以及手机芯片等部分。其中，主机板是手机内污染物含量最高的部件。主机板是废电路板的一种，含有多种重金属成分，属于国家规定的危险废物。同时，手机电池在处理过程中存在钴等重金属物质被释放的风险。

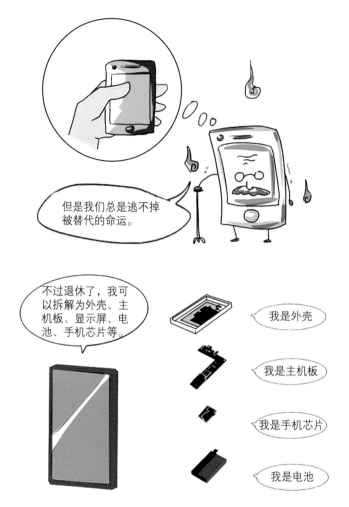

正因为如此,急剧增长的电子废弃物这座"城市矿山"为资源循环利用提供了绝佳的绿色低碳发展机遇,从电子废弃物中获得资源的成本远远低于直接从矿石、原材料中冶炼加工获取资源的成本,而且可以节约能源,减少污染物的排放。

三、 电子废弃物处理行业的发展现状

❶ 全球电子废弃物处理情况

由联合国大学发布的《2020 年全球电子废弃物监测报告》显示,仅 2019 年,全球就产生了 5 360 万吨电子垃圾,创下了历史之最(近乎 350 艘大型游轮的重量)。从人均电子废弃物产量来看,2014—2019 年全球人均电子废弃物产量逐年增加,从 2014 年的 6.4 千克/人到 2019 年的 7.3 千克/人。

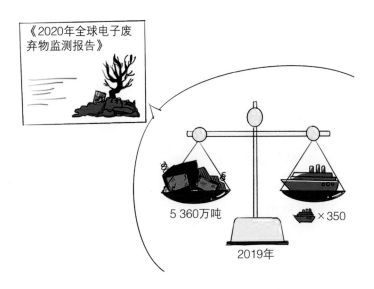

2019 年,亚洲以约 2 490 万吨电子废弃物登顶,其

次是美洲的 1 310 万吨和欧洲的 1 200 万吨,非洲和大洋洲分别为 290 万吨和 70 万吨。欧洲人均电子废弃物产生量排名全球第一,为 16.2 千克/人;大洋洲名列第二,为 16.1 千克/人;第三是美洲,为 13.3 千克/人。亚洲和非洲则要低得多,分别为 5.6 千克/人和 2.5 千克/人。

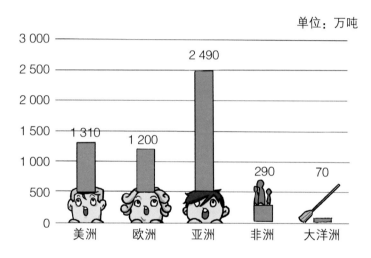

单位:万吨

研究发现,2019 年只有 17.4%的电子废弃物被收集和回收处理。这意味着黄金、白银、铜、铂和其他高价值、可回收的材料大多被倾倒或焚烧,而不是被收集起来进行处理和再利用。

❷ 我国主要电器电子产品的社会保有量和理论报废量

据统计,废弃电器电子产品的居民保有量是评估废

弃电器电子产品回收处理行业规模的重要依据之一,也是行业管理和企业发展规划的重要依据。2021 年,彩色电视机居民保有量为 6.9 亿台,电冰箱为 6.0 亿台,洗衣机为 5.7 亿台,房间空调器为 7.2 亿台,微型计算机为 3.2 亿台,手机为 15.0 亿台,热水器(包括电热水器和燃气热水器)为 5.5 亿台,吸油烟机为 3.8 亿台。

废弃电器电子产品的产生受人口区域分布、经济发展水平等因素影响,据中国家用电器研究院测算,仅 2021 年,"四机一脑"产品理论报废量约为 2.08 亿台,约合 481.4 万吨,包括电视机 6 260.0 万台,电冰箱 4 162.2 万台,洗衣机 3 542.9 万台,房间空调器 4 454.7 万台,微型计算机 2 421.8 万台。此外,吸油烟机 2 093.9 万台,电热水器 2 747.2 万台,燃气热水器 939 万台,打印机 4 587.8 万台,复印机 521 万台,传真机 373.8 万台,固定电话 7 663.1 万台,手机 40 810.8 万台,监视器 27.8 万台。因此,我国主要的废弃电器电子产品的理论报废总量可达到 8.06 亿台,约合 767.4 万吨。

③ 我国主要电子废弃物的实际处理量

我国电子废弃物的实际处理量由 2012 年的 1 010 万台增长至 2020 年的 8 498 万台。其中,2020 年拆解的电子废弃物总重量约为 233.99 万吨,包括废电视机 4 069.5

万台(占比 48.1％),废电冰箱 1 206.5 万台,废洗衣机 1 658.1 万台,废空调器 700.5 万套,废计算机 822.6 万台,从而获得阴极射线管玻璃 61.1 万吨(其中含铅的阴极射线管锥玻璃 21.4 万吨),塑料 46.7 万吨,铁及其合金 47.2 万吨,压缩机 16.4 万吨,保温层材料 9.9 万吨,电动机 8.6 万吨,印刷电路板 20.8 万吨,铜及其合金 2.4 万吨。

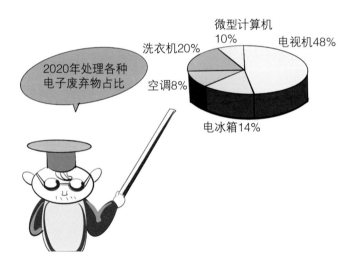

相信通过上面的深入剖析,大家对电子废弃物已经有了较为清晰的认识。

综上所述,电子废弃物是指废弃的电器电子产品、电子电气设备及其废弃零部件、元器件和国家相关管理部门规定纳入电子废弃物管理的物品、物质。日常生活中常见的电子废弃物有:废弃的家用电器,如电视机、冰箱、

空调、洗衣机等;报废的计算机,如台式电脑、笔记本电脑、平板电脑等;废弃的办公及通信设备,如打印机、复印机、手机、电话机等;各种废弃电池、电子零部件、电缆电线等。而电子废弃物之所以备受关注,是因为其具有两个显著的特征:一是资源价值性,即它"值钱";二是环境危害性,当心它"有毒"。

 **知识拓展**

为什么要回收电子废弃物?

由于电子废弃物是"危险"与"机遇"同时存在,对其进行回收处理的首要目的是保护生态环境。电子废弃物中含有多种有害物质,废弃后如果不经处理会导致其中的有害物质污染土壤、水体和大气，并可在生物体内累积，危害生态环境和人类健康。处理不当时，可能会导致二噁英等新的有害物质的生成和释放。与此同时，电子废弃物的回收可以促进资源综合利用和循环经济发展。例如铜、铝、铅、锌等有色金属，铁、铬、锰等黑色金属，镓、锗、铟、金、银等稀贵金属，各种塑料等高分子材料以及玻璃等，是组成电器电子产品和电子元器件的主要材料，这些材料大部分可以再生利用，并且再生利用过程所需的成本和对环境的影响比从矿物资源中提炼更小，社会、经济和环境效益更好。

电子废弃物与"双碳"有何关系？

电子废弃物是一座减污降碳的"富矿"，国家生态环境部门权威数据显示，每回收处理 1 吨电子废弃物可减排二氧化碳 4.73 吨，减排二氧化硫 0.046 吨，减排废水 24.23 吨，减排固体废物 13.61 吨，节约标准煤 1.97 吨，能有效防止电子废弃物带来的"二次污染"，同时避免了因电子废弃物污染造成的巨额生态环境修复成本。

电子废弃物回收利用等再生资源产业先天具有"低碳基因"，在推动"双碳"目标实现方面具有"硬核优势"。电子废弃物的资源化利用，一方面可获得贵金属、钢铁、铜、铝、塑料和玻璃等再生材料，能替代相应原生材料的

生产过程,减少原材料加工制造过程中的污染排放;另一方面,通过对含碳氟化合物组分,如制冷剂和发泡剂等的回收,可避免其泄漏导致温室气体排放。电子废弃物资源化过程一头连着减污,一头连着降碳,仅 2020 年回收所得的 2.4 万吨再生铜,可实现节能约 2.5 万吨标准煤,节水约 948.0 万立方米,减少固体废物排放约 912.0 万吨,减少二氧化硫排放约 3288.0 吨;回收的 1.5 万吨再生铝,可实现节能约 5.2 万吨标准煤,节水约 33.0 万立方米,减少固体废物排放约 30.0 万吨。2012—2020 年,我国回收处理的电子废弃物累计带来约 0.67 亿吨二氧化碳当量的碳减排量,由此看来,电子废弃物循环利用具有明显的节能减排效果,有效地推进了国家碳达峰、碳中和目标的实现进程。

每回收1吨电子废弃物可节约标准煤1.97吨

每回收1吨电子废弃物可减排二氧化硫0.046吨

每回收1吨电子废弃物可减排废水24.23吨

每回收1吨电子废弃物可减排固体废物13.61吨

每回收1吨电子废弃物可减排二氧化碳4.73吨

第三章

尘起源归处
——万物循环利用

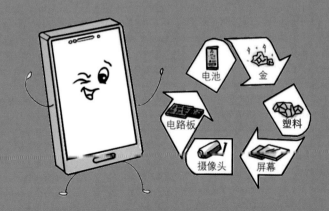

　　对于世界而言，万物生生不息的根本在于循环，往复循环，周而复始。春夏秋冬，四季轮回，这是一个循环。季节在循环，生物在循环，社会在循环，万物皆循环。同样，作为一个电子产品，它经过生产、销售、使用、报废……最终又回到了单独的物质或组分，而这些又可以循环利用到新产品的生产加工中，实现了电子废弃物的无限循环。

　　经过前面对电子废弃物的深入剖析，相信大家已经了解了这些我们再熟悉不过的家电产品、手机和电脑，其本质就是埋藏在每个人身边的"小金矿"。你是不是非常想知道它们是如何做到循环利用，化腐朽为神奇的呢？

变废为宝，循环利用。

▶ 一、 电子废弃物资源化处理

电子废弃物资源化就是实现电子废弃物"变废为宝"的关键举措。诸如废电视机、废空调、废洗衣机、废电脑等各类电子废弃物送到正规处理企业，采用各种工程技术方法和环保措施，将回收得到大量铁、铜、铝等金属，以及金、银、铂、钯等贵金属，还能得到大量废塑料、废玻璃等；拆解得到的部件，如线路板经过物理粉碎、分选技术等可回收二次资源铜、铁等金属，也可以回收玻璃纤维、塑料，可进一步制备再生板材填料。再比如电视机显示器拆解部件——阴极射线管中的屏玻璃可以作为玻璃原料或制备保温隔热泡沫玻璃等建材制品。简而言之，通过实施各种技术方法和管理措施，回收电子废弃物中的有用物质，包括直接作为原料进行利用或者再利用的，就是实现了电子废弃物资源化。

那到底电子废弃物的资源化是怎么完成的呢?

简单来说,就是用工具或者机械设备完成拆解、破碎,对可再生材料、拆解产物进行分类、利用、加工等:部分含有有害成分的部件在这个过程中要单独收集处理;其余材料经破碎、分选等工序进行处理,提取再生材料;无法再利用的一般废弃物进入焚烧、填埋等处置环节。

　　下面具体介绍如何实现各类电子废弃物的资源回收利用。

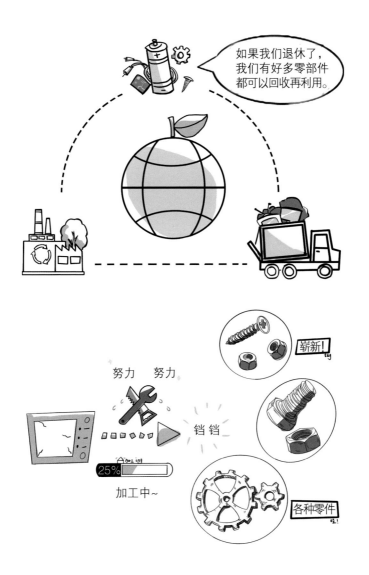

① **废电视机和废电脑的资源化**

　　废弃电视机的拆解方法以人工为主、机械为辅。

首先,拆除电视机外壳进入塑料回收流程;拆除机内连接线、电路板等部件,分类进入专门的资源化流程;显像管进入专门的 CRT 处理流程;含铅锥玻璃与屏玻璃分离后,其中属于危险废弃物的含铅锥玻璃应委托具有相关资质的企业处理。目前液晶电视报废量很少,未形成较大的处理规模,主要以手工拆解为主,分离出其中的液晶面板、线路板、铝板金件等部件,并分别处理处置。

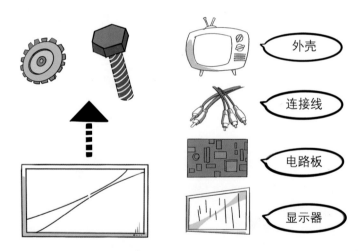

废弃电脑显示器的回收处理情况与电视机类似。此外,剩余的电脑机箱、主机电路板、键盘等组件被拆分开后,再经过破碎、分选后,进入各自的回收流程,最终回收得到铜、铁、塑料和合金等再生资源。

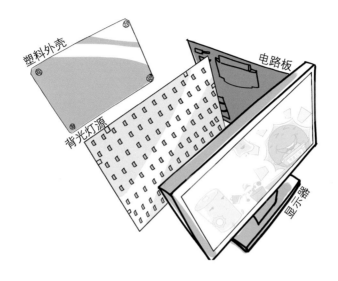

塑料外壳

背光灯源

电路板

显示器

❷ 废冰箱和空调器的资源化

　　废冰箱的资源化采用手工与机械处理相结合的方法：先对废弃电冰箱进行手动拆解，分类得到塑料、电线、玻璃、热处理器、线路板等再生资源及部件；随后进行制冷剂回收；再拆除压缩机、冷凝器等部件；然后对箱体进行多级密闭负压破碎，破碎过程中回收保温层中的氟利昂，再分离出塑料及聚氨酯泡沫；接着通过磁选，分离出铁；最后分离出铜、铝及塑料。也可采用纯机械拆解法，将冰箱放入流水线，先人工拆除冰箱门，使用专用回收装置抽滤压缩机中的氟利昂制冷剂，剩余的组件则自动进入密闭的机械化破碎分选系统，从而得到聚氨酯泡沫塑

料、铁、铜、铝、塑料等再生资源。

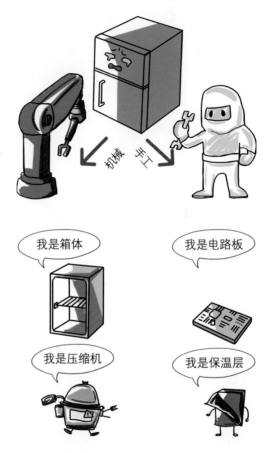

废空调器的资源化回收与废冰箱类似。先拆除外壳和零部件，采用专用装置回收制冷剂，然后卸下压缩机，通过人工拆解、机械破碎、磁选、风选等方式分离出铜、铝、铁、塑料等物质。

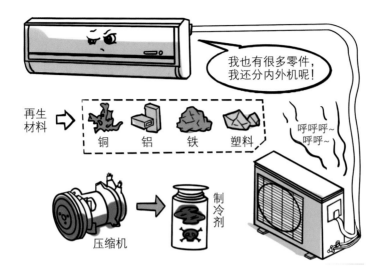

再生材料 → 铜　铝　铁　塑料

我也有很多零件，我还分内外机呢！

呼呼呼~
呼呼~

压缩机 → 制冷剂

③ 废洗衣机的资源化

　　废洗衣机可通过人工拆解和机械化相结合的方式，将各组件进行分离以实现其资源化。在拆解过程中，同时分离洗衣机铁皮外壳和内筒，再通过进一步拆解零部件，分离出纯塑料桶壁及不锈钢内筒胆。部分洗衣机水桶的材质是优质的再生塑料，可使用专业设备分离后，经过破碎、清洗、造粒，重新制造为塑料制品。

④ 废手机的资源化

　　废手机中既有金属、塑料等可再生资源，又含有铅、阻燃剂及多氯联苯等有害物质。目前，我国废手机的资

源化技术以人工精细化拆解为主,不论是什么品牌、什么型号(iPhone、华为、小米、Oppo······)的手机,几乎都可以得到以下"宝贝":外壳(塑料、合金或者玻璃)、电池、液晶显示屏、听筒、话筒、喇叭、振动器、前置摄像头、后置摄像头、SIM 卡插槽、SD 卡插槽、充电接口、耳机接口、软板(FPC)。这些"眼花缭乱"的小零件,只要没有被损坏,就可以进一步实现再利用。对于不能使用的元器件或部件,可以分类进行资源化加工处理,进一步得到再生金属、再生塑料等资源。

❺ 废电池的资源化

铅蓄电池处理可采用破碎分选、化学脱硫、低温熔炼和精炼等工艺,生产出再生铅产品和硫酸、塑料等产品。镍镉电池和锂电池大多采用以分离、萃取等工艺为主的湿法回收技术。其他电池种类各异，含有的资源成分也差别较大。根据电池的组成，在各类废电池中价值较高的金属为银、镍、钴、镉，铅次之，汞、锌较低。一般可通过人工分选、湿法处理、干法处理等方式回收电池中的各类金属资源。

然而，我们有不同的归宿。

铅电池　　　锂电池　　　碱性电池　纽扣电池

6 废电路板的资源化

拆除元器件后的废电路板即为废线路板,通常含有约30％的高分子材料、30％的惰性氧化物和40％的金属。除金属外,电路板中的非金属材料一般占60％以上,主要成分是玻璃纤维、热固性环氧树脂和各种添加剂。

　　废线路板的炼金方式主要有两种。第一种是常规的机械物理分选方式。废线路板被统一送至机械流水线，经过粗破碎、细粉碎，粉碎到一根头发丝那么细后，就可以直接根据密度区分出重金属和轻金属。如此，铜、铝、铁等金属也会陆续被分拣出来，最后压成"锭"。但这种资源化技术的缺陷是无法对金、铂、钯等贵金属进行提炼，需要进一步送至冶炼厂进行精炼。第二种就是对贵金属的提炼了。"炼金术"一般有火法和湿法：湿法炼金术是利用黄金化学性质极不活泼的性质，使用腐蚀性很强或有毒的氰化物、王水和硫脲等化学药品对其进行提炼，这种方式对环境危害严重；而火法炼金耗时长、能耗大，回收含量低。

❼ CRT 玻璃的资源化

　　彩色电视机的 CRT 锥玻璃中含有较多的铅，属于危险废物，是电子废弃物资源化技术研究的重点。但 CRT 屏玻璃中铅含量较低，可以作为普通玻璃处理。为减少危险废物的处置量，目前主要采用电热丝法拆除热执爆带、金刚石切割等方法对 CRT 玻璃进行屏锥分离。

⑧ 电子废弃物中金属的分离和提取技术

电子废弃物中含有如铜、铝、铁及各种稀贵金属在内的大量金属资源。首先采用破碎实现电子废弃物各组分,特别是金属与非金属组分的有效解离;然后利用非金属与金属之间物理性质(如密度、形状、粒度、导电性和磁性等方面)的差别,采用各类分选工艺实现金属的富集和回收,如通过磁选分离出铁,利用比重分选将铝从混合金属中分离出来,等等。目前国内主要通过湿法冶金技术和火法冶金技术提取贵金属。

⑨ 电子废弃物中塑料的循环利用

通常,电子废弃物中分离出的塑料可以通过 3 种方式进行资源化利用:①生产再生塑料颗粒,用于相关工业领域生产塑料制品;②将塑料加工为高能燃料,在具有良好环境保护措施的燃烧炉内应用;③将塑料与其他材料混合,共同制作木塑等复合材料产品。

总之,电子废弃物资源化需要遵循环境无害化原则,即在环境友好的前提下,尽量提高资源回收效率。利用再生原料生产的资源化产品应该符合相应的质量标准。当然,在电子废弃物资源化的过程中,不得不考虑的就是绿色管理(可持续性发展),即在处置电子废弃物前先拆除荧光灯管、制冷剂(冷媒)等含有挥发性有毒、有害气体的零部件,以及玻璃、线路板等不易分选的结构。因此,电子废弃物处理处置技术主要有以下 4 种类型:

(1)整机拆解。整机拆解主要是用手工、气动或电动工具将电子废弃物解体,并对各类部件进行分类。

(2)物理破碎分选再生材料。即使用破碎机等设备,对塑料、金属制备的电器产品外壳部件等进行破碎,根据不同材质分类收集,生产再生塑料、再生金属等再生材料。

(3)物理化学方法提取贵重金属。利用火法冶金、湿法冶金等物理化学方法,从废电路板、废电池、废电子元器件等电子废物中提取金、银、铜等贵重金属。

(4)焚烧、填埋等最终处置。对于难以综合利用的拆解产物,需要根据相关规定,对其进行最终处置,消除其环境影响。

▶ 二、 电子废弃物回收管理体系

① 发达国家的电子废弃物管理经验

早在 2004 年,欧盟就实施了《关于报废电子电气设备指令》(以下简称 WEEE 指令),WEEE 指令被人们形象地称为"欧盟绿色指令",要求产品的生产商、进口商和

经销商必须负责回收、处理进入欧盟市场的废弃电器电子产品。

2005 年 7 月 6 日,《用能产品生态设计框架指令》(2005/32/EC,简称 EUP 指令)正式通过,该指令涉及所有在欧盟销售或使用的用能产品(除交通工具外),包括电机、锅炉、水泵、电光源、灯具、办公设备、大小家电和电子产品等,项目涵盖产品的能效、噪声、辐射、电磁兼容、有害物质、污染排放(对大气、土壤和水体),以及废旧产品的回收和再利用,指令要求制造商改变传统的设计理念,在产品设计中融入生态设计思想。

2006 年 7 月 1 日,欧盟发布 RoHS 指令,其效力遍及欧盟 25 个成员国,而且美国和日本的制造商也难以逃脱监管,RoHS 指令规定:所有投放欧盟市场的电子电气设

备中不得含有铅、汞、镉、六价铬、多溴联苯、多溴二苯醚等 6 种有害物质。

（1）德国——化废物管理为资源管理：产品持有者、处理机构、销售商、生产商共同承担回收电子废弃物的责任。德国是最先将欧盟 WEEE 指令转化为本国法律的国家，明确规定了产品持有者、公共废弃物管理机构、销售商、生产商都对废弃电器电子产品的回收负有责任。产品持有者如要报废或淘汰所持有的电器电子产品，应按要求送至分类回收点，同时家庭用户也应遵守《循环经济与废物管理法》关于返还废弃物责任的规定。德国废弃电器电子产品的 60％～70％是由市政部门公共废弃物管理机构收集的。

（2）美国——构建便民的回收利用体系：制造商承担收集、运输和回收电子废弃物的费用。美国联邦政府虽然没有对废弃电器电子产品实行强制性回收利用的法律，只是对废弃制冷设备中破坏臭氧层的氯氟烃（CFCs）和含氢氯氟烃（HCFCs）实行强制回收，但是已有一些州尝试制定自己的电子废弃物专门管理法案。加利福尼亚州在制定电子废弃物法律法规方面走在了全美的前列。2003年9月，加州制定了《电子废弃物回收利用法》，对在加州销售的所有视频显示设备类废弃物的管理和回收做出了规定，并于2005年1月1日起正式实施。2006年1月，缅因州正式实施《有害废物管理条例》，规定家用电视机和电脑显示器实行强制回收。与加州不同的是，缅因州规定由生产商承担指定电子废弃物的收集和处理费用，但没有规定具体的收费标准。缅因州还将回收处理的运行管理职能，从政府部门转为交由第三方组织。

（3）日本——回收过程注重信息保护：在公共场所设置固定回收箱。日本的电子废弃物管理法律法规中，占有重要地位的是《家电回收法》。该法于 1998 年 5 月通过，2001 年 4 月 1 日正式实施，是世界上较早的关于废旧家电回收和处理方面的立法，是日本建设循环型社会法律体系的重要组成部分。这部法律的主要内容包括：以电冰箱、电视机、空调和洗衣机 4 种电器为立法对象，要求生产商承担再生利用的责任，必须以自行投资或协作参股的方式建设加工处理设备；产品经销商承担产品回收、运输的责任，即零售商对于已经销售的产品必须负责回收，而且在销售新的家电时必须负责回收替换下来的旧家电；消费者承担将自己废弃的电器交付给经销商的义务，并承担废物收集、处理的相关费用。2013 年 4 月日本正式实施《小型家电回收法》，该法规定由地方政府或认定企业回收手机、数码相机等小型家电产品，并对其中含有的金属等进行资源回收利用。

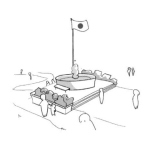

还有,像澳大利亚的预约免费上门回收模式,即提前在专门的回收网站或者 App 上登记信息预约。韩国则建立押金系统,生产回收"绑定",即生产商在制造产品时就要向家电回收企业交押金;当电子废弃物被成功回收后,退还押金。

② 我国电子废弃物回收处理制度

20 世纪 80 年代,国内基本没有电子废弃物产生,因为在那个通信靠写信、交通靠"二八大杠"的年代,电视、冰箱、洗衣机……那可是稀罕物，更别提有电子废弃物管理法律法规了。1990 年以来，随着境外输入的电子废弃物混在"洋垃圾"中大量进入我国沿海地区，很多人倒是发了"洋财"。

为了获取电子废弃物中的稀贵金属和有价金属而谋

利,大量非正规化拆解电子废弃物的小作坊由此诞生,简单粗暴地寻求电子废弃物中的利益,忽略了拆解过程中污染物的释放对生态环境、人体健康造成的严重威胁。2000年以后,国家不得不出手了——政策开始逐步关注,并出台了各种与电子废弃物管理相关的法律、法规、标准、技术指导和规范。

1)我国废弃电器电子产品管理的法律和制度体系

我国电子废弃物管理的基本法律和制度体系主要由三部法律、一个条例、五个部门规章,以及若干标准规范和部门规范性文件构成。三部法律为《中华人民共和国固体废物污染环境防治法》《中华人民共和国清洁生产促进法》《中华人民共和国循环经济促进法》,它们对电子废弃物的环境管理提出了宏观要求。一个条例是《废弃电器电子产品回收处理管理条例》,对纳入《废弃电器电子产品处理目录》的电子废弃物提出了具体的管理要求,并建立了规划、资质许可、基金补贴等制度。五个部门规章为《电子信息产品污染控制管理办法》《再生资源回收管理办法》《电子废物污染环境防治管理办法》《废弃电器电子产品处理资格许可管理办法》《废弃电器电子产品处理基金征收使用管理办法》,分别在产品生产、回收、拆解处理等环节提出了污染控制和环境管理的相关要求,初步形成了电器电子全生命周期管理模式。

2006 年,《废弃家用电器与电子产品污染防治技术政策》制定了"3R"原则和"污染者付费原则",规定了生态设计要求,规定了废弃电器电子产品的环保型回收、利用和处置。

国内电子废弃物堆积如山

2006年
《电子信息产品污染控制管理办法》

2007 年,《电子信息产品污染控制管理办法》规定了对产品生态设计的要求,对使用有害物质的限制,对生产者提供其产品信息的要求,等等。

2008 年,原国家环保总局出台了《电子废物污染环境防治管理办法》(环保总局令第 40 号),对我国境内拆解、利用、处置电子废弃物污染,以及环境的防治提出了严格要求。

2009 年,国务院印发《废弃电器电子产品回收处理管理条例》,它是我国废弃电器电子产品回收处理管理立

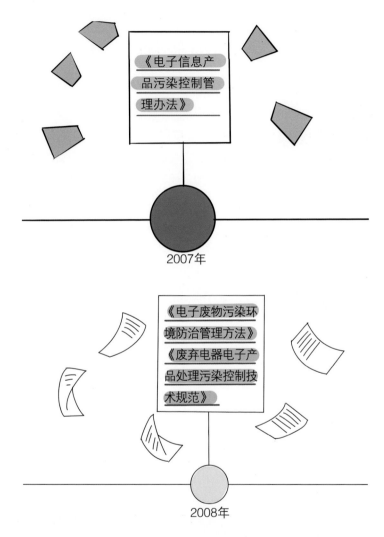

法的里程碑。该条例于 2011 年 1 月 1 日正式实施,它规

定建立《废弃电器电子产品处理目录》,对废弃电器电子

产品实行目录管理;建立多渠道回收制度,促进废弃电器

电子产品进入规范的回收处理渠道；对废弃电器电子产品实行集中处理制度和资格许可制度，由获得处理资格的企业对该目录内的废弃电器电子产品实行集中处理处置；国家建立废弃电器电子产品处理基金，向电器电子产品生产者和进口者征收基金，用于废弃电器电子产品回收处理费用的补贴。

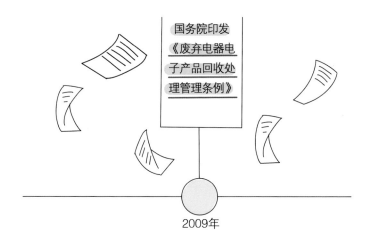

国务院印发《废弃电器电子产品回收处理管理条例》

2009年

2011年12月，国务院印发《国家环境保护"十二五"规划》，提出要"推行生产者责任延伸制度，规范废弃电器电子产品的回收处理活动"，并首次将生产者责任延伸制度这一概念纳入了国家环境保护的规范性文件。2012年以来，正规的电子废弃物处理企业增多，电子废弃物资源化利用程度也随之得到了提升。近年来，我国废弃电器电子产品回收数量逐年上升。

2020 年 4 月,新修订的《中华人民共和国固体废物污染环境防治法》对于落实电器电子产品的生产者责任提出了明确要求:"**电器电子产品的生产者应当按照规定以自建或者委托等方式建立与产品销售量相匹配的废旧产品回收体系,并向社会公开,实现有效回收和利用**。"

 **知识拓展**

1. 什么是废弃电器电子产品处理专项基金,为什么要制定这项制度?

《废弃电器电子产品处理管理条例》规定,国家建立废弃电器电子产品处理基金,用于废弃电器电子产品回收处理费用的补贴。2012 年 5 月 21 日,财政部、环境保护部、国家发展改革委、工业和信息化部、海关总署和国家税务总局联合发布《废弃电器电子产品处理基金征收使用管理办法》（财综[12012]34号），使得废弃电器电子产品处理有法可依。电器电子产品生产者、进口电器电子产品的收货人或者其代理人应当按照规定履行缴纳义务。

建立废弃电器电子产品处理专项基金制度，是依据有关法律规定，立足我国国情，并借鉴国外"生产者责任制"的做法而提出的。具体原因如下：①依据《固体废物污染环境防治法》，国家对固体废物污染环境防治实行污染者依法负责的原则，产品的生产者、销售者、使用者对其产生的固体废物依法承担污染防治责任；②为推动生产者承担一定的废弃电器电子产品的回收处理责任，支持处理企业实现产业化经营，需要国家出台一定的激励措施；③从一些国家的实践情况看，生产者也是通过缴纳回收处理费用，由专门机构统一组织回收处理。

2. 废弃电器电子产品处理专项基金从何而来？

电器电子产品生产者、进口电器电子产品的收货人或者其代理人应当按照规定履行基金缴纳义务。电器电子产品生产者应缴纳的基金，由税务局负责征收。进口电器电子产品的收货人或者其代理人应缴纳的基金，由海关负责征收。基金分别按照电器电子产品生产者销

售、进口电器电子产品收货人或者其代理人进口的电器电子产品数量定额征收。

3. 废弃电器电子产品处理专项基金补贴的范围、标准是什么?

依照《废弃电器电子产品回收处理管理条例》和《废弃电器电子产品处理资格许可管理办法》的规定,取得废弃电器电子产品处理资格的企业(以下简称处理企业),对列入《废弃电器电子产品处理目录》的废弃电器电子产品进行处理,可以申请基金补贴。基金按照处理企业实际完成拆解处理的废弃电器电子产品数量给予定额补贴(现行补贴标准如表3.1所示)。财政部会同环境保护部、国家发展改革委、工业和信息化部根据废弃电器电子产品回收处理成本变化情况,在听取有关企业和行业协会意见的基础上,适时调整基金补贴标准。

4. 生产者责任延伸制度是什么?

生产者责任延伸制度(extended producer responsibility, EPR)最初是由瑞典的环境经济学家托马斯·林德维斯特(Thomas Lindhqvist)提出的,其核心思想是生产者应该为其废弃产品承担延伸的后续处理责任。生产者应当以合理恰当的方式方法设计、生产产品,并承担处理废弃产品的责任。

表 3.1　我国现行废弃电器电子产品处理基金补贴标准

序号	产品名称	品　种	补贴标准（元/台）	备注
1	电视机	14 寸及以上且 25 寸以下阴极射线管（黑白、彩色）电视机	40	14 寸以下阴极射线管（黑白、彩色）电视机不予补贴
		25 寸及以上阴极射线管（黑白、彩色）电视机、等离子电视机、液晶电视机、OLED 电视机、背投电视机	45	
2	微型计算机	台式微型计算机（含主机和显示器）、主机显示器一体形式的台式微型计算机、便携式微型计算机	45	平板电脑、掌上电脑补贴标准另行制定
3	洗衣机	单桶洗衣机、脱水机（3 公斤＜干衣量≤10 公斤）	25	干衣量≤3 公斤的洗衣机不予补贴
		双桶洗衣机、波轮式全自动洗衣机、滚筒式全自动洗衣机（3 公斤＜干衣量≤10 公斤）	30	
4	电冰箱	冷藏冷冻箱（柜）、冷冻箱（柜）、冷藏箱（柜）（50 升≤容积≤500 升）	55	容积＜50 升的电冰箱不予补贴
5	空气调节器	整体式空调器、分体式空调器、一拖多空调器（含室外机和室内机）（制冷量≤14 000 瓦）	100	

2）我国废弃电器电子产品环境管理有哪些特点

（1）突出重点，逐步推进。废弃电器电子产品来

源广、种类多、数量大，我国电子废弃物的环境管理刚刚起步，相关经验不足，在人员、资金有限的情况下，制定了《废弃电器电子产品处理目录》，第一阶段集中力量，重点对"四机一脑"进行管理，待条件成熟后，逐步扩大管理范围。

（2）充分运用经济手段，建立长效机制。我国借鉴了发达国家实施"生产者责任制"的先进经验，结合我国具体国情，建立了废弃电器电子产品回收处理基金，调动了生产者对电子产品回收处理的积极性。

（3）建立广泛的环境保护统一战线。国务院资源综合利用、质量监督、环境保护、工业信息产业等主管部门依照规定的职责制定废弃电器电子产品处理的相关政策和技术规范，管理范围基本覆盖了电器电子产品全生命周期。地方人民政府有关部门在各自职责范围内对废弃电器电子产品回收处理活动实施监督管理。

③ 多样化的电子废弃物回收模式

我国电子废弃物的产生区域差异明显、来源分散、数量庞大，有偿回收现象十分普遍，回收模式具有多样性。传统的主流电子废弃物回收渠道包括走街串巷的传统小商贩、电器电子产品生产商和销售商、电子废弃物的处理企业、旧货市场、家电维修网点、社区回收网点等。 目前，中国正在加快创新以生产者为主导的电子废弃物回收模式，"互联网＋回收"、城市环卫系统与再生资源系统两网融合发展持续推进，智能回收模式在二手商品新型交易平台得到广泛应用，形成了电器电子产品全生命周期闭环运作体系。

近些年来，随着互联网的普及使用，促使电子废弃物回收也逐渐实现了从"街头吆喝"到"一键上门"的历史转变，电子废弃物的持有者也积极参与这一便捷的回收活动。 与此同时，国家通过建立电器电子产品等生产者责任延伸试点，大力推动电子产品和家用电器生产企业开展回收目标责任制行动，尤其是利用自有的销售或维修网点，使废电器电子产品逆向回收体系更加畅通。 随着普通大众的环保意识逐步增强，电子废弃物规范回收也将会随之明显提升，进而将有效提高电子废弃物收集和处理利用效率，由此可能产生的环境污染将持续得到改善。

如果各位开始留意电子废弃物回收这件事，你会发现，在我们的日常生活中，已经有越来越多可以帮我们一起实现电子废弃物回收的途径了呢！ 例如，可以在一些线上平台进行网上交投，好多二手平台也能够实现对一些电子产品的再出售，还可以到一些线下店铺专门针对电子废弃物进行维修、更换、以旧换新等。

线上

线下

当面交易、快递回收

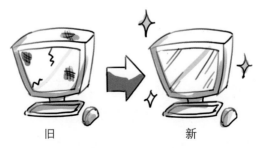

旧　　　　　　　　新

电子电器网站"以旧换新"

线下回收

小区、商场等固定回收点

▶ 三、电子废弃物资源循环与绿色发展

电子废弃物是世界性难题，对其进行循环利用与绿色发展是响应习近平总书记"绿水青山就是金山银山"①的号召，也是实现美丽中国和生态文明建设的必然要求。

❶ 电子废弃物是"金山银山"

习近平总书记提出的"绿水青山就是金山银山"的重要论断，指引着电子废弃物资源循环领域的绿色发展。他曾在到电子废弃物处理企业考察时讲过，变废

① 2005 年 8 月 15 日，时任浙江省委书记的习近平同志在浙江余村考察时，首次提出了"绿水青山就是金山银山"的科学论断。

为宝、循环利用是朝阳产业，垃圾是放错位置的资源，把垃圾资源化，化腐朽为神奇，是一门艺术①。 近年来，我国生态文明建设和生态文明保护在党中央的引领下取得了显著的成效。 建设青山常在、绿水长流、空气常新的美丽中国，不光要靠保护环境、治理污染，也应该重视起我们身边的"城市矿山"。

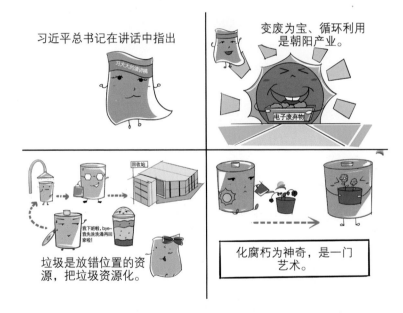

随着工业文明的发展和人们生活水平的提高，地球上大部分可工业化利用的矿产资源已从地下转移到地上，并以废弃物的形态堆积在我们周围。 电子产品和电

---

① 新华网. 习近平："变废为宝"是艺术[EB/OL]. (2013-07-22)[2023-02-20]. jhsjk. people. cn/article/22279999.

子设备的生产和消费在全球范围内迅速增长，导致了电子废弃物数量的增加。 生活中常见的电视机、冰箱、电脑等家用电器报废后仍含有大量的金属、非金属材料可循环利用，如金、银、铜、铂、铝等金属和其他可回收的材料。 电子废弃物中所蕴含的金属，尤其是贵金属，其品位①是天然矿藏的几十倍甚至几百倍，回收成本一般低于开采自然矿床。 研究分析结果显示，每吨废电路板中含金量达到 600～1 000 克，市场价值达 10 万元以上。 因此，电子废弃物也被称作"城市矿山"，这样的"城市矿山"也就是习近平总书记所说的"金山银山"。

❷ 既要金山银山，也要绿水青山

尽管全球很多专家学者都肯定了电子废弃物回收具有的各种环境和社会效益，但由于电子废弃物中也含有多种有毒有害物质，若得不到正规的拆解处理，其有害物质可能泄漏，进而污染环境并损害人体健康。 当前，生态文明建设已上升为国家战略。 党的二十大报告中明确提出"实施全面节约战略，推进各类资源节约集约利用，加快构建废弃物循环利用体系"。 电子废弃物处理是生态文明建设的重要内容。 电子废弃物的生命周期过

---

① 指矿石中有用的元素或它的化合物含量比率，含量越大，品位越高。

程复杂，涉及生产者责任延伸、生态设计、绿色制造、再制造、洋垃圾进口禁令和生活垃圾分类回收等工作。开展电器电子产品全生命周期管理和电子废弃物资源化、规范化回收处理全产业链升级，是推动资源循环利用、开展废弃物协同管理、建设生态文明的有效抓手。

从节约资源、保护环境、有利可图的角度出发，对电子废弃物的回收和处置最终是为了社会的可持续发展，为了我们人类赖以生存的地球环境。随着国家工业化和信息化水平的提高，未来将会产生越来越多的电子废弃物，真正要实现其资源化，需要我们每个人的努力。

❸ 公众参与电子废弃物绿色行动

1）公众如何参与电子废弃物的环境管理

随着电子废弃物对环境造成污染的问题凸显，公众

对于电子废弃物的关注度不断提升，公众参与电子废弃物环境管理的渠道也在不断增多，具体有以下几个方面：

（1）根据《环境影响评价公众参与暂行办法》，在电子废弃物处理企业环境影响评价阶段，公众可以在有关信息公开后，以信函、传真、电子邮件或者按照有关公告要求的其他方式，向建设单位或者其委托的环境影响评价机构、负责审批或者重新审核环境影响报告书的环境保护行政主管部门，提交书面意见。

（2）根据《废弃电器电子产品处理资格许可管理办法》，在对废弃电器电子产品处理企业资格审查和许可资格的申请进行公示、征求公众意见阶段，公众可以在公示期内以信函、传真、电子邮件或者按照公示要求的其他方式，向许可机关提交书面意见。

（3）根据《废弃电器电子产品处理基金征收使用管理办法》，给予基金补贴的处理企业名单，由财政部、环境保护部会同国家发展改革委、工业和信息化部向社会公布。 环境保护部和各省（区、市）环境保护主管部门要分别公开全国和本地区处理企业拆解处理废弃电器电子产品及接受基金补贴情况，接受公众监督。

（4） 根据《关于组织开展废弃电器电子产品拆解处理情况审核工作的通知》等文件的规定，设区的市级以上地方环保部门应当在门户网站上公开本地区各处理企业的审核情况，接受公众监督。 在此期间，公众如对企业公示情况有异议，可通过公示期间举报电话进行投诉和举报。

（5） 在电子废弃物回收环节，公众应将电子废弃物交由有处理资质的企业或者正规的回收企业，不能将电子废弃物混入生活垃圾；公众可以拨打电子废弃物回收企业的电话或者登录相应网站。

2） 公众应如何规范化交投或处理家中淘汰的电子废弃物

居民消费者使用的电器电子产品在报废或淘汰后，不能私自将其破碎、拆解，或者丢入垃圾桶视作普通生活垃圾来处理；也不提倡卖给流动的小商贩，因为这可能会使电子废弃物流向非正规自行拆解者，拆解过程中容易导致大量的有毒重金属和有机化合物进入环境中，致使空气、水体和土壤中的重金属含量严重超标，造成

严重的环境污染；非正规的拆解还缺乏有效的劳动保护措施，对拆解者的身体健康损害十分严重。因此，消费者应将废弃电器电子产品送交至正规的回收中心和网点，由回收中心和网点送往有资质的废弃电器电子产品处理企业处理，或者直接交给有资质的处理企业。

3）政府机关和企事业单位对自身产生的废弃电器电子产品有哪些责任

政府机关、企事业单位将废弃电器电子产品交给有废弃电器电子产品处理资格的企业处理的，依照国家有关规定办理资产核销手续。涉及国家秘密的废弃电器电子产品依照国家保密规定处置。

4）环保组织或非营利机构可以发挥哪些作用

近年来，环保组织通过与各级环保部门合作或自发在社会上开展了大量以保护环境、维护公众环境权益为目标的环保活动，在提升公众的环保意识、促进公众的环保参与、改善公众的环保行为、开展环境维权与法律援助、参与环保政策的制定与实施、监督企业的环境保护行为、促进环境保护的国际交流与合作等方面发挥了重要作用，已成为连接政府、企业与公众的桥梁与纽带，是构建和谐社会、推动环保事业发展的重要力量。

电子废弃物的回收处理是一个涉及社会很多层面的系统工程，不仅需要各级行政主管部门的通力合作和交又管理，也需要社会各界的广泛参与。环保组织可充分发挥沟通、交流和合作的作用，在电子废弃物产生量集中的省份、城市、社区，与政府、企业和公众合作，优先开展宣传教育活动和试点或示范项目，这对于提高公众的支持意识和参与能力，让公众了解有效的正规化的回收拆解处理技术和设施，具有重要作用。在此基础上，可总结经验并加以推广。

5）若个人或单位发现电子废弃物的不规范处理行为应该怎么办

公众或者机构发现电子废弃物的不规范拆解行为时，可通过拨打"12369"环保举报热线电话，向各级环境保护主管部门举报环境污染或者生态破坏事项，请求环境保护主管部门依法处理。目前我国县级以上环境保护主管部门都已经开通环保举报电话，各地统一为"12369"。

公众在投诉电子废弃物的不规范拆解行为时，应具备以下条件：

（1）有具体的投诉对象。

（2）有明确的事发地点。

（3）有造成环境污染和生态破坏的行为。

对举报人提出的举报事项，环保举报热线工作人员能当场决定受理的，就会当场告知举报人；不能当场告知是否受理的，应在 15 日内告知举报人，但举报人联系不上的除外。 举报的问题自受理之日起 60 日内办结。 情况复杂的，经本级环境保护主管部门负责人批准，会适当延长办理期限，并告知举报人延期理由，但延长期限不得超过 30 日。